2023.04

魚卵

魚介類の塩蔵品

監修
一般社団法人 大日本水産会
魚食普及推進センター

写真・文
阿部秀樹

偕成社

新巻鮭（東京都中央卸売市場 豊洲市場）

はじめに

僕の仕事は水中カメラマン。北海道から沖縄まで、日本中の海に潜って海の生き物たちの生き生きとした姿を撮影したり、美しい水中風景を撮影したりするのが仕事です。撮影に訪れた先では、その土地ならではのさまざまな海の幸に出会い、味わうことも多く、それも取材でのひとつの楽しみになっています。

今ではスーパーマーケットでふつうに買うことができるイクラや辛子明太子を、僕が初めて目にしたのは、取材で訪れた場所でした。魚卵製品の多くは、数十年前までは産地でしか口にすることができない食べ物のひとつだったのです。その魚卵製品が日本中に普及したのは、「塩」の力が大きかったからです。

四方を海にかこまれている日本では、昔からさまざまな塩がつくられてきました。甘さを感じる塩や、ピリッとした辛さを感じる塩。人びとは豊富にある塩を利用して魚介類の塩漬けをつくりましたが、その代表といえるのがこの本の主役である魚卵です。やわらかく栄養価満点な魚卵を、腐らせることなくおいしく食べるためには塩が不可欠で、魚卵製品は基本的に数百年前から変わらない製造法でつくられています。近年では、流通や冷蔵冷凍技術の発達によって、魚卵製品でも甘塩と呼ばれる減塩の製品が主流ですが、塩を使う目的や利点は昔も今も変わりありません。塩のおかげで、寒い北の漁場でとれた魚卵を、南の島でもおいしく食べることができるのです。

新しい命の素がつまった魚卵は、子孫繁栄の象徴として祝いの席でも使われる食べ物です。その食文化は日本独特のものであり、日本人ほど魚卵を好む民族はいないといわれています。近年では、伝統的な魚卵に加えて、海外の魚卵製品を日本でつくる試みもおこなわれています。ほど良い塩味で、それだけでおかずになる和食の代表ともいえる魚卵。その魅力を少しでも知ってもらえれば、とてもうれしく思います。

阿部秀樹

もくじ

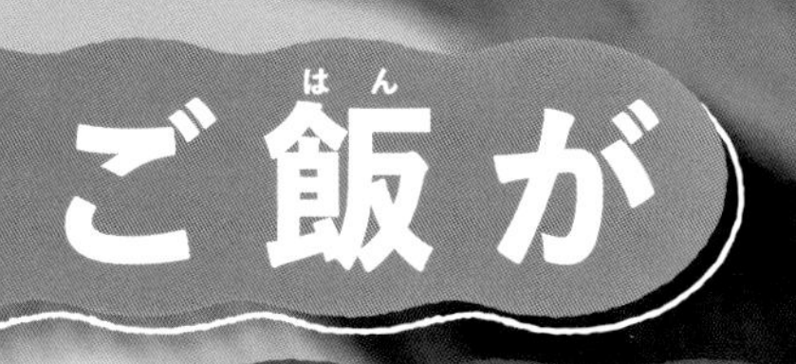

進むおかず

魚卵

冷蔵・冷凍技術が発達していなかった時代、
漁獲した魚を保存するためのもっとも簡単な方法は、
大量の塩に漬ける「塩漬け」でした。
魚卵は栄養分が多く、特にいたみやすいものでしたが、
塩漬けが保存性の問題を解決してくれたため、
日本人は世界のなかでも魚卵を多く食べる民族になったのです。
塩漬けにされた魚卵は、日本各地に流通するようになり、
子孫繁栄の縁起物として、正月のお節料理や
めでたい席の料理に欠かせない食品となりました。
日本人の生活や文化に結びついた魚卵は、
ユネスコの無形文化遺産に登録された
「和食；日本人の伝統的な食文化」のなかでも、
重要な構成要素のひとつになっています。
さあ、魚卵や魚介類の塩漬け（塩蔵品）について、
くわしく見ていきましょう！

辛子明太子（明太子）は、スケトウダラの卵からできるたらこを、韓国の伝統食品の知識を使って、日本で新しく生み出したもの。時代とともに魚卵も塩漬けも進化しつづけています。

数の子は、ニシンという魚の卵です。江戸時代の末期から昭和時代のはじめにかけて、ニシンは大量に漁獲されました。それとともに数の子を食べる習慣も広がり、子孫繁栄の縁起物とされたのです。

魚卵のなかでも、おとなから子どもまで人気が高いのが、サケの卵であるイクラでしょう。回転寿司でも定番の寿司種になっているほか、海鮮丼などにも欠かせない食材となっています。

魚卵ってどんな食品？

魚介類の卵を塩などに漬けたもの

食品の「魚卵」は、生鮮（生）で流通するものはわずかで、
ほとんどが塩漬け（塩蔵）やしょう油漬けなどの加工をしたものになっています。
伝統的に食されてきたものや、近代以降に新しい食べ方が生まれたものもあります。
＊本書では、塩蔵等の加工食品としての魚卵をあつかっています。

日本人は魚卵好き

魚介類は、ほかの生物よりもとても多くの卵を産みます。このことから、日本人は魚卵を子孫繁栄につながる縁起の良い食品と考えていました。これは生の魚卵でも同様で、タイの卵などを煮付けにする地域は多く、子持ちカレイの煮付けや子持ちシシャモの干物など、卵を持ったメスが重宝されます。ところが海外では、つぶつぶした見た目や食感が好みに合わないことから、魚卵を積極的に食べる国は多くありません。魚卵をこれほどまでに食べる習慣は、日本人の大きな特徴です。

子持ちカレイの煮付け

おもな魚卵は卵巣

わたしたちが食べているおもな魚卵は、魚介類のメスの「卵巣」であり、まだ生み出される前の卵が、袋状の卵巣膜に包まれている状態です。たとえば、筋子はサケ類の卵巣であり、それをほぐしたイクラが卵です。

流通する種類は少ない

魚卵のもとになる卵巣は、繁殖期のメスからしか得られませんし、魚卵自体大きなものではなく、取り出すのにも手間がかかります。ですから、大量に漁獲できるか、卵巣が大きい魚しか利用できず、流通する種類も少なめです。そのため珍味（珍しい食品）とされるものもあります。

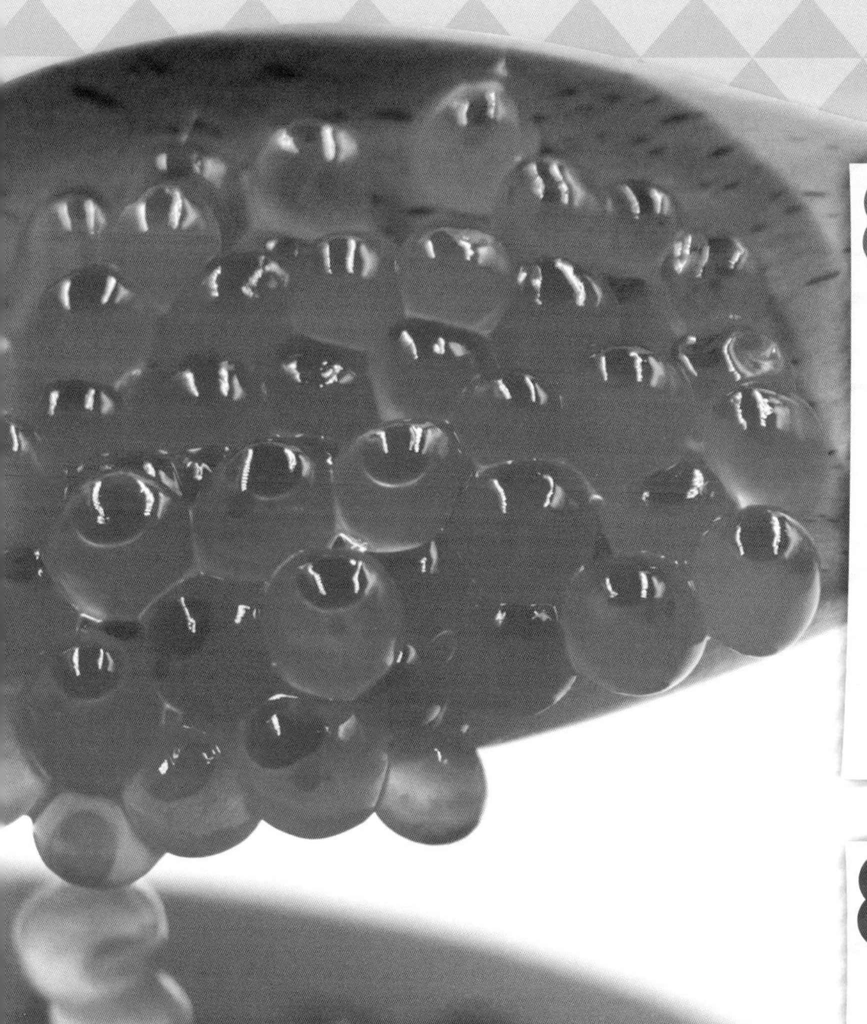

塩蔵のメリット① 保存性が高まる

魚卵は、次の世代の命の素であるため、とても栄養が豊富です。しかし、その分いたみやすい性質があります。魚卵を塩漬けにすると、水分がぬけて食品を腐らせる細菌が繁殖しづらくなり、保存性が高まります。水分がぬけるのは、生物の細胞をおおう細胞膜には、その両側に濃度のちがう液体があると、濃度のうすい方から濃い方へ水分が膜を通過していき、両側の濃度を同じにしようとする性質があるからです。昔の人びとは細胞膜の性質は知らなくても、塩漬けのメリットを経験的に知り、魚介類などの保存に利用してきたのです。

塩蔵のメリット② 味が良くなる

魚卵は、塩漬けすることによって、ほど良い塩味がつくだけでなく、水分がぬけるとともに、くさみも取れて、うま味成分が濃縮されて味がしっかりとします。塩漬けしても、魚卵特有の、ぷちぷちとした心地良い食感は失われることがありません。

豊富なビタミンやミネラルを保つ

魚卵は、種類にもよりますが、ビタミンAやビタミンB(B1、B2、B12)、ビタミンE、亜鉛など、体の機能を調節するために必要な栄養素を豊富にふくんでいます。また、記憶力を良くするなどの効果があるDHA(ドコサヘキサエン酸)や血液をきれいにする効果があるEPA(エイコサペンタエン酸)をふくむものもあります。そして、これらの成分は塩漬けしてもほとんど失われないので、体内に取り入れることができます。

魚卵にも種類がある

魚卵は、魚介類の卵の総称で、産地では「真子」ともよばれています。
また、原材料となる魚の種類ごとや、加工した食品ごとでも、名前がつけられています。

塩筋子とイクラ

サケの仲間の卵巣を筋子（生筋子）といい、それを塩漬けしたものが塩筋子です。生筋子の卵をほぐして塩漬けやしょう油漬けにしたものがイクラです。筋子は昔から食べられてきましたが、イクラは昭和時代から寿司種として使われるようになり、需要が大きく伸びました。

とびこ

トビウオの仲間の卵を塩漬けにしたものです。日本の水産会社が、海外のトビウオ漁場で捨てられていた卵に目をつけ、食品として加工したことから利用が始まりました。

数の子

ニシンの卵巣の塩漬けです。ニシンの古い名前「かどいわし」の卵を意味する「かどのこ」がなまって、名前がついたといわれています。金色にも見えることから、昔から縁起物として、正月のお節料理に欠かせない魚卵食品です。

子持ち昆布は、ニシンがコンブに卵を産みつけたもので、数の子と同じように縁起物としてあつかわれます。現在はアラスカなどで生産され、輸入されています。

たらこ（鱈子）と辛子明太子

たらこ

たらこは、スケトウダラの卵巣を塩漬けにしたものです。そのたらこを、さらに唐辛子などを加えた調味液に漬けて味付けしたものが辛子明太子（明太子）です。たらこは昔から食べられてきましたが、辛子明太子は第二次世界大戦後に開発された、比較的新しい食品です。

（14～21ページに記事があります）

辛子明太子

カラスミ（唐墨）

ボラの卵巣を塩漬けにして、塩抜きをしてから天日で干したものです。安土桃山時代（1573年～1603年）に中国から長崎に製法が伝わり、江戸時代には肥前国（現在の長崎県と佐賀県）の産物として、日本三大珍味のひとつとされていました。現在も長崎県がおもな産地ですが、製造に手間がかかり、生産量も少ないため、高級品としてあつかわれています。

カラスミづくりのようす。塩漬けしたボラの卵巣を干しています。

日本三大珍味は、カラスミ、ウニ（卵巣や精巣の塩漬け「塩雲丹」）、このわた（ナマコの腸の塩辛）。
ちなみに、世界三大珍味は、キャビア、トリュフ（キノコの一種）、フォアグラ（カモやガチョウの肝臓）。

キャビア

チョウザメ類の卵を塩漬けにしたもので、世界三大珍味のひとつとされています。昔はチョウザメ類の生息地であるロシアやイランがおもな産地でしたが、現在はチョウザメの養殖が進み、中国やポーランドなどでも多く生産されています。日本産のキャビアも海外に輸出されたり、航空会社の機内食に採用されたりしています。

（24～27ページに記事があります）

時代とともに変化する魚卵食

平安時代には魚卵食があった

日本の魚卵食に関するたしかな記録は
平安時代（794年～1185年）までさかのぼります。
当時は、年貢（税）や朝廷へのおくり物として
日本各地の産物が京の都にとどけられていて、
そのなかに魚卵もふくまれていました。
食用にされたのは、おもにサケの卵巣（筋子）で、
当時は「鮞」や「鮭子」とよばれていました。
サケの卵巣はそのまま塩漬けにしたほか、
塩漬け後に塩引き鮭（29ページ）の腹につめて、
「内子鮭」という食品をつくったりしていました。

鮭子籠
江戸時代の有力大名・伊達家の、正月のもてなし料理を再現したもの。平安時代の内子鮭とはちがい、サケの卵をぬかずに内臓だけを取りだし、代わりに塩を入れ、塩水に数日間漬けてつくります。
（大崎市教育委員会）

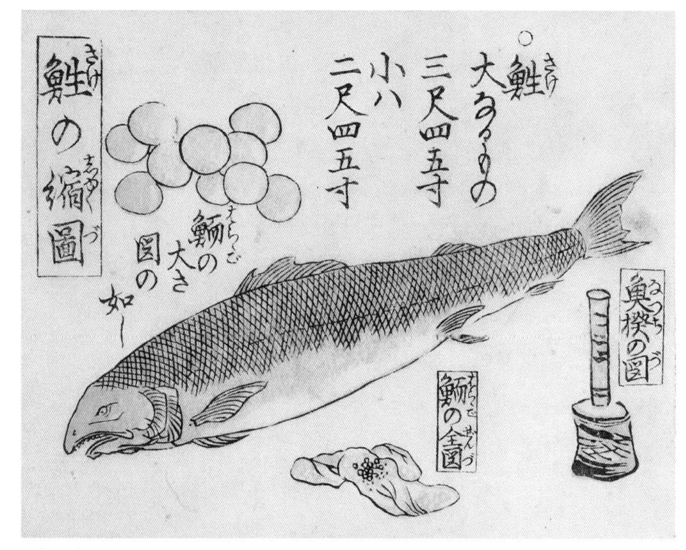

鈴木牧之『北越雪譜』にえがかれた鮞
『北越雪譜』は、江戸時代の越後国（現在の新潟県）魚沼地方のくらしや文化などを記した書物。サケとともに卵も紹介され、江戸時代でも「鮞」とよばれていたことがわかります。（国文学研究資料館）

江戸時代に魚卵食がせいぞろい

江戸時代の1693年に出版された実用書には、
献立になる魚のなかに、「鮞」だけでなく、
「鰊鯑」、「鰡子」、「海膽」が記され、
現在と同じ魚卵を食べていたことがわかります。
江戸時代後期になると、蝦夷地（北海道）で、
ニシン漁がさかんにおこなわれるようになります。
すると数の子は、より広く食べられるようになり、
卵の数の多さから子孫繁栄の縁起物とされて、
正月のお節料理に使われるようになりました。

*江戸時代／1603年～1868年

唐墨と毛利梅園『梅園魚品図正』にえがかれたボラ

唐墨の名前は、昔のカラスミが中国（唐）の墨のように黒かったことに由来します。『梅園魚品図正』は江戸時代後期の書物。ボラの説明とともに、「ボラの子は和名をからすみという」などと書かれています。（『梅園魚品図正』／国立国会図書館）

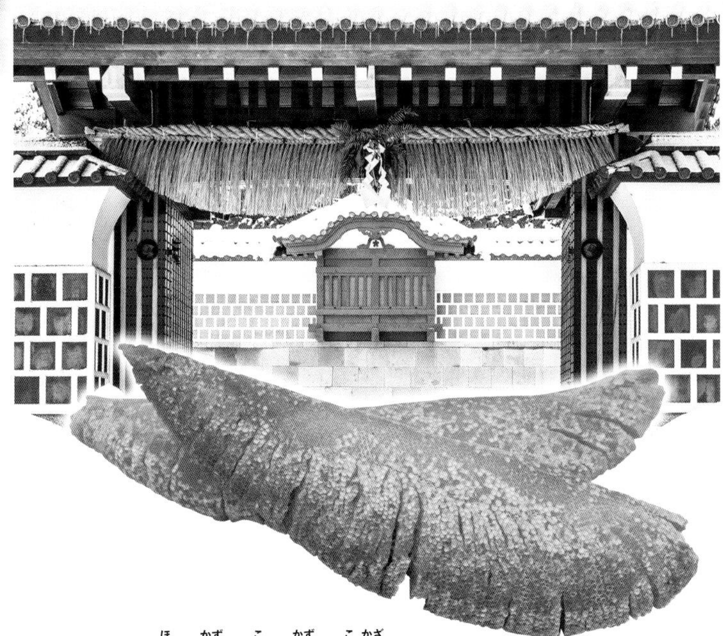

干し数の子と数の子飾り

江戸時代、加賀藩（現在の石川県）の金沢城では、橋爪門一の門の正月飾りに、数の子の形をまねた数の子飾りをかかげていました（写真は復元したもの）。当時の数の子は、塩漬けではなく、寒風にさらしてつくった干し数の子でした。

北洋漁業の開始で鮞がイクラへ

明治時代（1868年～1912年）になると、日本の漁船は豊富な漁業資源を求めて北太平洋へと向かい、「北洋漁業」とよばれる遠洋漁業が開始されます。最盛期には、カムチャッカ半島周辺海域にまで進出して、サケ・マス漁をさかんにおこないました。

ちなみに日本では、サケやマスの卵は、みな鮞か筋子とよび、卵巣と、ほぐした卵を区別するよび名はありませんでした。当時、ロシア語で魚卵を「イクラー」とよぶことが伝わると、サケやマスのほぐした卵をイクラとよぶようになりました。

北洋漁業では、サケ・マスのほか、ニシンやマダラも漁獲され、数の子やたらこも、わたしたちにより身近な存在になりました。

1970年代後半以降、各国が自国の海洋資源保護のために排他的経済水域*を主張すると、北洋漁業は続けられなくなり、そのために魚卵も輸入に頼るようになっていきました。

北洋産のイクラを宣伝する水産会社のポスター。昭和初期のものなので、今とはちがって文字が右から書かれています。（2点ともマルハニチロ株式会社）

昭和初期に製造されていた北洋産のイクラの缶詰。

＊排他的経済水域／ある国の領地（海水面が一番低いときの陸地と海の境界）から200海里（約370km）の範囲の海域。ここでは、その国が天然資源の調査や開発などの経済活動をおこなう権利を持ちますが、その一方で天然資源や自然環境などを適切に管理する義務もあります。

辛子明太子の登場

代表的な魚卵のひとつ、たらこも、
江戸時代の前期にはすでに食べられていました。
ただし、当時は現代のようなスケトウダラではなく、
マダラの卵巣を使っていたようです。
明治時代になると、新たな漁法が発達したことで、
スケトウダラの漁獲量が急速にふえていき、
たらこもスケトウダラを使うようになりました。
一方、辛子明太子は、第二次世界大戦後に、
福岡県の食品店が、韓国の食品（明卵漬）を参考に、
たらこを唐辛子を使った調味液に漬けて
日本人の口に合うようにつくったものが最初です。
現在では、福岡県の代表的な産物となっていて、
たらこに比べても、生産量・消費量ともに
勝るとも劣らないものになっています。

毛利梅園『梅園魚品図正』にえがかれたマダラと、マダラの卵巣（生たらこ）

マダラの図の左上に、卵巣の塩漬けを「紅たらの子漬け」とよび、切ったものを酒にひたして食べると書かれています。また、精巣（白子）を「雲腸」とよび、食用にすることも書かれています。

（『梅園魚品図正』／国立国会図書館）

現在も、有名な辛子明太子製造元のほとんどが福岡県にあり、生産量も全国1位です。

魚卵食のさらなる進化

このように、昔から日本人は
栄養豊富な魚卵をじょうずに保存加工して、
さらに工夫を加えて、おいしい食品にしてきました。
とびこのように、今まで未利用だった魚卵を、
新たな食品として開発したものもあります。
現在、魚卵はご飯のおかずとしてだけでなく、
回転寿司の寿司種、パスタソースやマヨネーズ製品、
コンビニエンスストアのおにぎりの具など、
さまざまな料理や食品にも利用されています。
これからも魚卵は、わたしたち日本人の食卓に、
おいしさと彩りをとどけてくれるでしょう。

イクラ軍艦は回転寿司店の定番ですが、イクラが寿司種として広まったのは、冷蔵輸送技術が発達した昭和時代中ごろ以降です。

有毒の卵が食べられるようになる!?

昔から伝統的に食べられている魚卵のひとつに、「フグの子」があります。これはゴマフグの卵巣を加工したもので、石川県（金沢市金石・大野、白山市美川）、福井県（高浜町）では糠漬け、新潟県（佐渡地方）では粕漬けにされ、郷土料理として親しまれています。フグの仲間は有毒魚として知られています。なかでもゴマフグは、筋肉（身）だけでなく卵巣にも毒を持っていて、食べることができません。それを半年～2年かけて塩漬けにした後、さらに2年間も糠や酒粕に漬けると毒の成分が無害なほどにうすまってしまいます。毒がうすまるのは、塩や有益な細菌の働きが関係しているという説もありますが、くわしいしくみは科学的に解明されていません。また、有毒フグの提供、販売は法律できびしく規制されていますが、ここで紹介した「フグの子」は特別な許可を得て製造販売がおこなわれています。

できあがったフグの子（2点とも美川商工会）

フグの子を漬けている木桶 糠や酒粕にふくまれ、長年使い続ける木桶にも付着している麹菌は、発酵によってたんぱく質を分解し、フグの子のうま味成分を増やす働きをします。

人造イクラがあるってホント?

1970年代、世界中で水産資源保護のために漁業規制を強めると、イクラの値段がとても高くなりました。そこで、日本の化学メーカーが、海藻から取り出した、食品にとろみをつけるカラギーナンという物質とサラダ油を、やはり海藻から取り出したアルギン酸ナトリウムの膜で包んだ人造イクラ（人工イクラともよびます）を開発しました。この人造イクラは、味も食感も天然イクラとほとんど変わらず、人造水産物の大発明といわれました。

では、天然イクラと人造イクラは、見分けられるでしょうか。一番簡単な方法は、お湯に入れてみることです。たんぱく質をふくんだ天然イクラは、お湯に入れると白く色が変わります。しかし、海藻成分由来の人造イクラはたんぱく質をふくまないので、色が白くなりません。

左が天然イクラ、右が人造イクラ。ならべて見比べればちがいを感じますが、単独で見分けるのはむずかしいでしょう。

辛子明太子が食卓にとどくまで

ほど良い辛さが魅力の辛子明太子は、
その辛さを生み出す調味液や
材料のたらこを漬けこむ時間など、
職人がみがいてきた技術や
味へのこだわりを活かし、
最新の機械の力もかりながら
つくられています。
そのくわしいようすを見てみましょう。

1 漁と水揚げ

スケトウダラは北の冷たい海にすむ魚で、
日本ではおもに北海道で漁獲されています。
漁の最盛期は、スケトウダラが産卵期をむかえる冬場で、
道東地方では、流氷の合間をぬいながら漁に出かけ、
さし網漁や延縄漁で漁獲しています。
スケトウダラの卵（助子）は成熟度によって
よび名も、利用のしかたも変わってきますが、
辛子明太子に加工されるのは、
「真子」とよばれる、ほど良く成熟した卵です。

スケトウダラの卵巣（2尾分）
魚の卵巣は左右一対になっていて、この状態を「一腹」とよびます。たらこや辛子明太子は、おもに卵巣の左右を切り離して加工し、販売しています。

スケトウダラは、北太平洋に広く分布していて、日本では日本海と、茨城県以北の太平洋側に生息しています。全長は50〜70㎝で、産卵期の冬以外は水深300mほどの深場でくらしています。

「明太」はスケトウダラ

1940年代末に、福岡県博多（福岡市）で生まれた辛子明太子は、今では全国的に人気の魚卵食品になっています。
「明太」は韓国語でスケトウダラのことを意味していて、「明太子」は明太の子、つまり「たらこ」を意味しています。
それを唐辛子調味液で味付けするので、辛子明太子なのです。
わたしたちは、辛子明太子を単に明太子とよんでいますが、福岡県では今でも、たらこのことを明太子とよんでいます。

スケトウダラの漁期は漁法によってもちがいますが、11月〜3月にかけておこなわれます。道東の羅臼では、沿岸におしよせる流氷や氷点下の気温にも負けず、早朝から漁に出かけていきます。

スケトウダラの水揚げ。日本の水揚げ量は、1980年代には30万〜70万tありましたが、現在は20万t以下に減少。国内で流通する「助子」の90％以上は、アメリカやロシアなどからの輸入品です。

最新の辛子明太子工場に潜入！

福岡県では有名な辛子明太子製造会社の、最新設備を備えた工場。昔からの技術と手仕事を受け継いでいるスタッフが、最新鋭の機械を使って、製品を生み出しています。

2 原卵の解凍・選別

辛子明太子をつくるには、
まず、冷凍されて運ばれてきた原卵（助子）を、
鮮度や品質を落とさないように、
最新の設備を使って注意深く解凍していきます。
原卵の解凍が終わったら、よく洗浄して、
切れたり、きずついたりしたものがないか、
しっかりと選別します。

最新式の解凍室。冷凍原卵の解凍は、食感や品質にかかわるため、辛子明太子をつくるためには大切な作業です。

解凍が終わった原卵には、まだ粘液や血液などが付着している可能性があるので、塩水を吹きかけて洗浄します。

洗浄の終わった原卵を、スタッフがひとつひとつ確認して、きずついたものや付着した不要物を手作業で取りのぞきます。

ひとつのトレーに入れる原卵は大きさをそろえ、分量をしっかり計量し、それに合わせた量の塩蔵液をそそいで、塩蔵します。

3 塩蔵

辛子明太子は、たらこを加工してつくるので、
そのもととなるたらこづくりもとても重要です。
選別の終わった原卵を容器に入れて、
塩蔵液とよばれる食塩水をそそぎ、
むらなく漬かるようにかきまぜて塩蔵します。
原卵がよりふっくらとしあがり、
ぷちぷちとした粒子感が生まれるように、
細かく調整して塩蔵していきます。

塩蔵が終わったら、ざる状になったトレーにうつして、水を切ります。トレーのうつしかえは、ていねいさが求められる作業です。

4 たらこの選別

塩蔵が終わり、たらこになったものを選別します。
良い製品をつくるためには、手がぬけない工程です。
製造工程には最新式の機械が導入されていますが、
機械だけにたよることなく、
スタッフの目で見て、手で触れて確認します。
また、原卵を検査室に持ちこんで、
有害な菌に汚染されていないかも確認します。

卵を包む膜（卵膜）はとてもうすいので、作業中にやぶれないように細心の注意が必要ですが、同時に手早く選別する職人技も必要です。

5 調味液漬けこみ

たらこを調味液に漬けて、
辛子明太子をつくっていきます。
この会社の調味液は、唐辛子、ゆず、昆布と、
水の代わりに地元の蔵元がつくる日本酒を、
バランス良く配合してつくられています。
調味液の味付けについては
製造会社ごとに独自のこだわりがあり、
それによって製品の味に個性が生まれて、
辛子明太子の魅力をより広げています。

調味液は味にムラが出ないように、最新の機械でつくられます。

たらこが入ったトレーに、調味液をそそぎ入れます。この会社の調味液は、創業時からの調味液に新しい調味液をつぎたしながら使っています。調味液の配合は、ベテランのスタッフが管理、調整し、創業時から変わらない味を守りつづけているので、「匠のたれ」とよばれています。

6 熟成

たらこを調味液に漬けたら、
温度管理された熟成庫に運んで、
168時間（約7日間）かけて熟成させます。
選びぬかれた素材でつくられた調味液に漬けて、
時間をかけてじっくり熟成させることで、
ピリッとした辛さに加えて、まろやかさと
深い味わいのある辛子明太子が生まれます。

昆布を入れて、じっくりと熟成させることで、よりおいしい辛子明太子になっていきます。

選別と整形が終わった辛子明太子は、トレーにきれいにならべられて、箱づめ工程に回されます。

おいしい辛子明太子のできあがり！

7 選別・整形

調味液漬けこみが終わった辛子明太子は、大きさごとに選別していきます。
このときに、膜が切れた「切子」や、形がくずれた「くずれっ子」は、別の加工品用に使われます。
選別された辛子明太子は、スタッフが手のひらの上で１本１本、ていねいに形を整えていきます。
辛子明太子のふっくらとした姿は、こうしてつくられています。

選別、整形が終わった辛子明太子を、計量しながら製品用の袋につめていきます。

8 それぞれの製品へ

辛子明太子を、製品ごとに重さを確認しながら、容器にきれいにならべて入れていきます。製品を開けたときの見た目も重要なので、ていねいな仕事が求められます。

製品ごとに密封包装した辛子明太子を、箱づめしていきます。

9 関連製品の加工

この辛子明太子工場では、一般家庭用のほかに、業務用として使う辛子明太子も製造しています。また、辛子明太子をほぐしたもの（バラコ）や、それを使ったマヨネーズ製品やパスタソースなど、さまざまな関連製品も製造しています。

製品を機械に入れ、余分な菌がふえないように加熱処理します。

（左）製造過程で、卵を包む膜が切れてしまったものなどは、バラコとして加工します。
（右）バラコをマヨネーズにまぜた製品づくり。マヨネーズ製品は、和洋さまざまな料理に使えるため、人気があります。

品質と衛生の管理

辛子明太子に限らず、食品とその製造には、
なによりも安全、安心が求められます。
そのため、最新式の機械を導入して、
きびしく品質管理をおこなっています。
また、製造機械や道具は使用後に必ず洗浄、殺菌し、
スタッフの服や帽子まで確認するなど、
衛生管理をしっかりおこなっています。

スタッフの目と、金属探知機などの検査装置を使って、製品に異物がまぎれこまないように、きびしく確認しています。

製造工程で使うトレーや器具は、高温の蒸気を使った熱殺菌装置で、すみずみまで洗浄と殺菌をおこないます。

作業中でも時間をもうけて、衣類にゴミや髪の毛がついていないかなどの確認をおこない、製品の安全、安心のために努めています。

辛子明太子工場を見学！

辛子明太子を製造する会社のなかには、近年、製造工場の一部を一般に公開して、辛子明太子づくりを見学できるようにしているところがあります。自分たちが口にする食品はどのようにつくられているのか、自分の目で見て、確かめてみることは大切なことです。また、こうした見学可能な工場には、つくられた製品を実際に食べたり、購入したりできるような場所が設置されているので、家族や友達とともに楽しい時間を過ごすことができるでしょう。

工場見学のようす。工場見学ができるかどうかは、各製造会社のウェブサイトなどで確認してみましょう。

卸売市場に集まる全国の魚卵製品

国内外で加工された魚卵製品の多くは、
卸売会社（大卸）によってきびしく選びぬかれて、
都市部にある卸売市場に集められます。
卸売市場では、料理店や寿司店、
デパートやスーパーマーケットなどの仕入れ担当者、
販売店などに商品を卸す仲卸業者などが、
集められた魚卵製品をここでもさらに厳選して、
取引をおこなって買い入れていきます。

国産原料を使った最上品のたらこ。卸売市場には、最高級品からお手頃価格のものまで、さまざまなたらこが集まります。

北海道産のイクラしょう油だれ漬け。冷凍技術の発達で、つくりたての味を、長期間味わえるようになりました。

業務用などに使われる辛子明太子。近年は塩分ひかえめの商品が多いので、大部分は冷凍状態で出荷されてきます。

子持ち昆布は、ニシンの卵のぷちぷちした食感と、昆布の味が魅力的。寿司種のほか、さまざまな料理に使われています。

近所の店で魚卵をさがそう

スーパーマーケットの魚卵製品売り場。筋子にたらこ、辛子明太子などがならんでいます。

魚卵はどんなところで買うことができるでしょうか。
干物やかまぼこ（練り物）には専門店がありますが、
魚卵だけをあつかう専門店はほとんどありません。
ただ、鮮魚店やスーパーマーケットの売り場には、
たらこや辛子明太子、イクラなどがならんでいます。
特にお節料理に欠かせない数の子や子持ち昆布は、
正月前になると品数も多くなり、
売り場も広くなっているはずです。
また、魚卵を使った加工食品も種類が豊富で、
弁当店やコンビニエンスストアのおにぎりも、
たらこ、辛子明太子、イクラなどの魚卵が
定番の具としてそろっています。
身近な場所で、ぜひ魚卵をさがしてみましょう。

たらこや辛子明太子、カラスミを使った、いろいろな加工食品。

しょう油漬けのイクラや焼きたらこ、辛子明太子などがもつ、塩味や辛味がおにぎりにぴったりで、食欲をそそります。

宮崎県の挑戦

高級品のキャビアを日本でつくる！

チョウザメを養殖する

1980年、日本は漁業科学技術協力協定を結んでいた旧ソビエト連邦（現在のロシア）からチョウザメの提供を受けて、国内でのチョウザメ養殖の研究を始めました。
そして宮崎県は、1983年に水産庁からチョウザメをゆずりうけ、県の水産試験場で積極的に研究を進めました。
その結果、1991年に、養殖用のベステル種の人工ふ化に成功。
その後、卵や肉の品質が良いシロチョウザメの養殖にも取り組み、2004年に日本で初めて完全養殖に成功。
2011年には大量生産の技術を確立し、
まったくの手探り状態から始めて約40年もの研究を重ねた結果、
2023年には、宮崎県はチョウザメ飼育数が日本一になりました。

チョウザメは、外見からでは雌雄の判別がほとんどできません。そのため、養殖魚の腹を切って生殖腺を確認します。その後は、切った部分をぬいあわせて養殖水槽にもどします。

チョウザメを検査するには、１尾ずつつかまえる必要がありますが、体が大きく力もあるため、その作業は一苦労です。

特別な器具をメスの腹にさしこんで卵を採取し、成熟度を確認します。

養殖であっても、世界三大珍味のひとつに数えられる
キャビアの価値は変わることがありません。
現在、宮崎県では、県の水産試験場が確立した技術を使って、
複数の民間業者がチョウザメ養殖をおこなっています。
チョウザメは成熟するまで10年近くもかかるうえ、
成魚は全長が1m以上、体重は数十kgにもなります。
そのため、養殖には広くて安定した設備が必要で、
長い年月、それを維持するだけの資金も必要です。
キャビアを得るのは、かんたんなことではないのです。
現在、チョウザメ目の種は、ワシントン条約*によって、
生魚も卵も、その国際取引がきびしく規制されていますが、
登録された養殖場で養殖されたものは、
正式な手続きをすることで取引できるので、
チョウザメの養殖は、野生のチョウザメを守りつつ、
取引可能なキャビアを安定生産することにつながります。

*ワシントン条約（CITES）
絶滅のおそれがある野生動植物の種の国際取引に関する条約

ふ化した仔魚の水槽。仔魚はとても弱く、飼育には細心の注意が必要です。チョウザメの養殖では、雌雄の成魚から卵と精子を採取し、人工授精によって増殖をおこなっています。

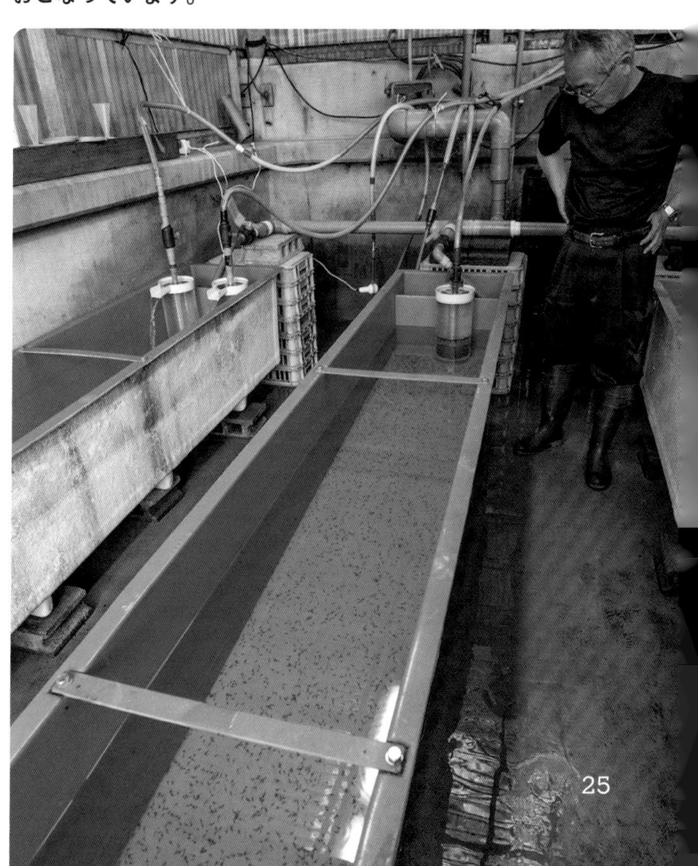

工場でキャビアづくり

2013年から宮崎キャビアを生産する会社では、キャビアを、極小のごみや細菌も入りこめない、きびしく衛生管理された施設で生産しています。外国産のキャビアは防腐剤を使用したり、塩分濃度を高めたり低温殺菌したりしていますが、この会社のキャビアは、卵と岩塩だけで製造し、防腐剤などの食品添加物をいっさい使用せず、卵に余計な熱を加えずに熟成させるからです。数か月におよぶ熟成期間を24時間体制で管理し、キャビア本来の味を引き出すようにしています。

❶ 卵を取り出す前、チョウザメの体の表面をしっかり洗浄し、殺菌して、雑菌などがまぎれこまないようにします。

❷ 卵の取り出しは専門スタッフがおこないます。衛生管理のため、取り出された卵は専用の装置を通して加工室に運ばれます。

❸ 卵膜に包まれた卵を、ていねいにほぐします。温度が上がると鮮度が落ちるので、氷水で容器を冷やしながら作業します。

❹ ほぐした卵は、卵膜の切れはしや、血のかたまりなど、どんなに小さな不純物も見のがさずに取りのぞきます。

❺ キャビア製造に最適な岩塩を使って、卵を塩漬けします。防腐剤などを使わないので、作業中もきびしく温度を管理します。

（5点ともジャパンキャビア株式会社）

熟成を見きわめ最高品質へ

キャビアの品質を高めるためには、熟成の見きわめも重要です。塩漬けした卵を、しっかりとした管理のもとで、数か月もの間、置いて（寝かせて）おくと、たんぱく質が分解して、うま味成分のアミノ酸がふえていきます。しかし、あまり置きすぎると、今度はうま味成分も失われます。熟成中のキャビアを、専門スタッフがくりかえし試食し、熟成の具合を見きわめて、急速冷凍で味の変化を止めます。こうして世界的にも最高品質のキャビアを生み出しているのです。

キャビアマイスターとよばれる専門スタッフが、チョウザメ1尾ごとに、卵の味を何度も自分の舌で確認して、熟成期間を決めていきます。

ふたを開けたときに、キャビアがきれいに見えるよう、ていねいにびんづめします。このときにも、つぶれた卵があれば取りのぞきます。

（ジャパンキャビア株式会社）

きびしい衛生管理と品質管理のもとで生産されたキャビア。宮崎県のキャビア生産をリードするこの会社の製品名には、宮崎県でチョウザメ養殖が始まった年である「1983」の数字がつけられています。

いろいろな魚介塩蔵品

魚卵だけでなく、魚介類自体を塩漬けにする食品（塩蔵品）は、日本国内の北から南まで、いろいろな地域でつくられています。その代表的なものを紹介しましょう。

塩蔵魚の代表・塩鮭

塩漬けされた魚介類で、まっ先に思いうかぶのは「塩鮭」でしょう。もともとは保存性を高めるために塩漬けにしていましたが、冷蔵、輸送技術が発達するとその意味がうすれ、現在では魚の味を良くするためや、家庭で保存しやすくするために塩漬けにしています。塩漬けといっても、現在は塩水に漬けて製品化しているものが多く、漬ける塩水の濃度が３％未満のものを甘口（甘塩）、３％以上６％未満を中辛、６％以上のものを辛口といいます。新巻鮭や塩引き鮭は、製造に塩漬け以外に乾燥や熟成などの工程があり、塩鮭とは味わいにもちがいがあります。

塩鮭（北海道、宮城県、ロシア、チリほか）
塩鮭は北海道や東北地方で製造されるほか、海外からも輸入されています。使われるのはサケ（シロザケ）以外にも、ベニザケやギンザケなども使われています。

新巻鮭（北海道）
伝統的な製法では、オスのサケのえらと内臓を取りのぞいてよくあらい、全身に塩をすりこんだら、容器に入れて重しをして5日〜1週間塩漬けにした後、塩をよくあらいながし、風通しの良い場所に頭からつるして1週間ほどかけて干しながら熟成させます。現在は、えらや内臓を取ってあらった後、容器に入れて塩漬けし、2〜4時間置いてから冷凍する方法が使われます。昔は保存や輸送の際に、藁で巻いたので「藁巻」、荒縄で巻いたので「荒巻」などとよばれ、江戸時代から年末や正月のおくり物として使われるようになりました。

塩引き鮭づくりで、重要なもののひとつが塩漬けです。新鮮なオスのサケのえらと内臓を取りのぞき、ていねいにあらって、よごれやぬめりを取ります。そして全身に塩をすりこんだら木製の樽に入れ、3日ほどで上下をひっくり返して約1週間塩漬けにします。

塩引き鮭（新潟県）

塩引き鮭は、約1週間塩漬けにしたサケを流水で10時間ほどかけて塩ぬきをしたら、北向きで風通しが良い日陰の場所に頭を下にしてつるし、2～3週間かけて乾燥させてつくります。塩引き鮭は平安時代の記録にもある伝統的な食品で、現在は新潟県村上地方が有名です。サケは昔から北日本の人びとにとって重要な資源であり、さまざまな方法で加工してきました。そのなかでも塩引き鮭は、塩を使うことで保存性を高めるとともに、サケをよりおいしく食べるための方法です。

（別海町観光協会）

山漬け（北海道）

オスのサケのえらと内臓を取りのぞいてよくあらった後、サケ全体に塩をすりこんだら、さらにたっぷりと塩をかけながら、サケを積み重ねていきます。サケがおよそ10～20段になったら、むしろをかけて上に重しを乗せます。この重しと、積み上げたサケの重みで水分をぬきながら熟成させます。このように、山のように積み上げることが名前の由来で、ふつう24～72時間、長いもので約10日間、上下を入れ替えながら塩漬けします。最後に余分な塩分を水であらい流して完成です。

お国自慢の魚介塩蔵品

塩鮭や塩引き鮭のほかにも、日本の各地には伝統的な魚介類の塩漬け（塩蔵品）があります。また、塩漬けにした魚介類が、酵素や、人に有益な菌類の働きによって変化し（発酵）、味わいなどがさらに良くなった食品もあります。それらの代表的なものを紹介しましょう。

しょう油漬けや味噌漬け、糠漬けなど

魚介類のしょう油漬けや味噌漬けは、味噌やしょう油にふくまれる塩分や、麹菌の働きを利用して、さらに保存性や味わいを良くした食品です。糠漬けは、塩漬けにした後に米糠に漬けて、乳酸菌の働きで発酵させることで、保存性と味わいを良くした食品です。

塩くらげ（福岡県ほか）

おもに有明海でとれるヒゼンクラゲ（しろくらげ）やビゼンクラゲ（あかくらげ）を、塩とミョウバンに漬けて、水分をぬいてつくります。中華料理の食材などに使われます。

へしこ（石川県）

マサバの内臓を取り、塩漬けにした後に、米糠に半年ほど漬けた保存食品です。おもに若狭地方でつくられています。

すくがらす（沖縄県）

アイゴの幼魚を塩辛にしたもので、「がらす」は「辛す」という意味の沖縄方言です。豆腐に乗せて食べる「すくがらす豆腐」が有名。

ワカメ（岩手県、宮城県、徳島県ほか）

塩蔵ワカメは、生のままか、一度湯通ししたワカメを塩漬けにします。生に近い食感や色が保たれ、長期保存できるので、乾燥ワカメより多くつくられています。塩蔵の海藻は、塩抜きをしてから料理に使います。

もずく（沖縄県）

沖縄県では海藻のオキナワモズクの養殖がさかんです。鮮度が落ちるととけてしまうので、塩漬けにして保存し、酢の物や天ぷらなどにします。

巻き鰤（石川県）

冬場にとれた寒ブリを塩漬けにした後、陰干しして、さらに縄できつく巻いて真冬の野外に干してつくります。能登地方でつくられています。

粒うに（北海道ほか各地）

塩雲丹のうち、粒が残っているのが粒雲丹、粒が完全につぶれているのが練り雲丹です。現在、塩だけを使った塩雲丹は流通量も少なく、高価です。比較的安価で流通するものは、塩漬けしたウニに、アルコールやでんぷん、砂糖などをまぜてつくられています。

生とはちがう味わい・塩雲丹

ウニは、卵巣や精巣を食用にします。平安時代から食べられていますが、生ウニが流通するようになったのは、冷蔵技術が発達した現代になってから。それまでは、塩漬けにして保存性を高めた「塩雲丹」を食べていました。塩漬けにして水分をぬいてから熟成させることで、ウニ本来の味が強くなります。この独特の味は、江戸時代から日本三大珍味（9ページ）に数えられています。

イカの塩辛（北海道、青森県、宮城県ほか各地）

もっとも一般的な塩辛で、イカの身と肝臓を使った赤づくり、皮をむいた身だけを使う白づくり、イカ墨を使う黒づくりがあります。

潮鰹（静岡県）

西伊豆の田子地区でつくられる伝統的保存食で、正月に神棚に供える縁起物です。内臓をぬいたカツオを大量の塩で２週間ほど漬けこんだら、塩をあらいながして、３週間ほど冬の季節風にさらしながら陰干ししてつくります。

奈良時代からつくられた塩辛

塩辛は、塩漬けにした魚介類が、もともと原料にふくまれていた酵素や微生物の働きで発酵してできた食品です。奈良時代には地方から都に年貢（税）として運ばれていた記録があり、江戸時代に現在のようなつくり方が完成したといわれています。イカの塩辛が有名ですが、カツオの内臓（酒盗）やアユの内臓（うるか）、ナマコの内臓（このわた）、エビやカニ、タイの卵などを使った塩辛が各地にあります。

塩鯖（京都府ほか各地）

沿岸域で多く漁獲されるサバの保存法として、昔から発達してきたのが塩鯖です。海から遠い京都では、日本海側の若狭湾でとれたサバが塩漬けにされて運ばれ、「京の塩鯖」として有名になりました。

世界の魚介塩蔵品

日本以外の国にも、魚介類の塩蔵品があります。そのなかには、日本ほど種類は多くないものの、魚卵を使ってつくられたものもあります。その代表的なものを紹介しましょう。

アンチョビ（イタリアほか）

アンチョビは英語でカタクチイワシのことを指し、日本ではその塩蔵製品を指します。カタクチイワシを塩漬けにして発酵、熟成させ、オリーブオイルに漬けこんで瓶詰や缶詰にします。

シュールストレミング（スウェーデン）

ニシンをうすい塩水に漬けて、発酵させた食品です。熱処理などをせずに缶詰にするため、缶詰の中でも発酵が進み、強いにおいを発します。そのにおいが強烈なため、「世界一くさい缶詰」とよばれることもあります。

ランプフィッシュキャビア（ドイツ、デンマークほか）

ランプフィッシュ（ダンゴウオの仲間）の卵を塩漬けにしたもの。卵の大きさがチョウザメに似ているので、色を黒く染めて、チョウザメのキャビアの安価な代用品としても使われます。

バカラオ（スペインほか、ヨーロッパ各国）

マダラの仲間を塩漬けにして、数か月かけて乾燥させたもの。じゅうぶんに塩ぬきをしてから料理します。ヨーロッパをはじめ、かつてその植民地があったアフリカや南米諸国でも食べられています。

ボッタルガ（イタリア）

ボラやマグロなどの卵巣を、塩漬けにして乾燥させた食品で、地中海周辺でつくられます。かなり古い時代から知られていて、その製法が中国をへて日本に伝わり、カラスミになったともいわれています。うすく切るか、すりおろして、料理に使います。

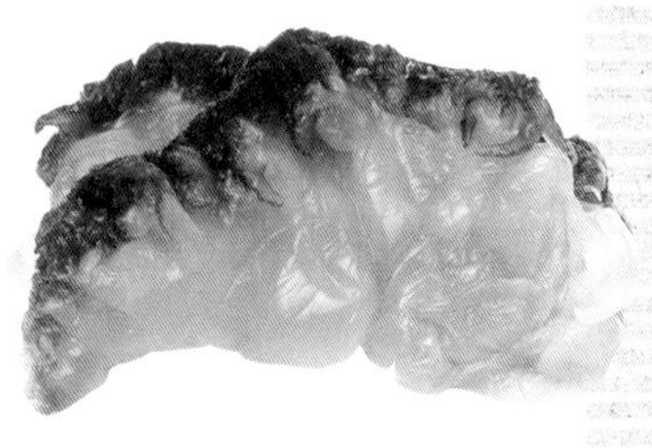

海蜇（中国）

世界三大料理のひとつである中華料理の素材として欠かせないクラゲ。ビゼンクラゲやエチゼンクラゲを塩漬けにして水分をぬいてつくりますが、現在は北米や中米産のキャノンボールクラゲが多く使われています。

魚卵や魚介類の保存に重要だった製塩

魚介類の塩蔵品づくりに欠かせない塩は、
人類が生きていくために必要不可欠なものです。
日本では、すでに6～7世紀の古墳時代には、
本格的な塩づくり（製塩）がおこなわれていました。
当時の塩は、海藻を使って海水を少しずつ濃くして、
濃くなった海水を煮つめてつくる「藻塩」でした。
鎌倉時代になると、海藻の代わりに浜辺の砂を使う、
揚浜式製塩法が考え出されて、
藻塩より効率が良いこの製塩法が広まりました。
揚浜式製塩法は、人力にたよった方法でしたが、
江戸時代に潮汐を利用した入浜式製塩法が生まれ、
この製塩は1960年代半ばまで続けられていました。
こうして得られた塩は、魚介類の塩漬けに使われ、
海産物を海から遠い内陸部へ運ぶことを可能にして、
日本の食文化の発展に大いに役立ちました。

岡津製塩遺跡（福井県小浜市）
古墳時代から奈良時代にかけての製塩所の遺跡で、国の史跡に指定されています。遺跡のあった若狭国でつくられた塩は、平城京にもとどけられていました。

藻塩づくり（藻塩の会による藻塩づくり体験のようす）
かめに入れた海水にホンダワラなどの海藻をひたし、それを干します。海藻がかわいたら、ふたたびかめの海水にひたして干すことをくりかえし、かめにできた塩分の濃い海水「かん水」を土器で煮つめて塩をつくります。藻塩づくりのようすは『万葉集』の歌にもよまれています。

鯖街道
若狭国（現在の福井県西部）から京都を結ぶ道、特に現在の福井県小浜市と京都を結ぶ若狭街道は、おもに室町時代から江戸時代にかけて、日本海で大量にとれたサバが塩漬けにされ、行商人たちにかつがれて京の都まで運ばれたため、「鯖街道」とよばれています。

揚浜式製塩
塩田とよばれる砂地に、何度も海水をまいて乾かします。その砂を集めて、「沼井」とよばれる装置に入れ、上から海水をかけると、沼井からかん水が得られます。このかん水を釜屋に運んで、釜で煮つめて塩をつくります。

イクラをつくってみよう！

口の中でぷちぷちっとはじける食感と、
あまじょっぱい味で人気の高いイクラ。
白いご飯に乗せて食べるのはもちろん、
海鮮丼や、ちらし寿司などにも大活躍の魚卵ですね。
イクラは筋子をほぐして加工したものなので、
もし生の筋子が手に入るなら、自宅でイクラがつくれます。
方法は意外にかんたん。特別な道具もいりません。
自家製のイクラのしょう油漬けづくりに
ぜひ挑戦してみましょう！

よし！
ぼくもやって
みよう。

用意するもの

ボウル、金網（目の粗いもの）、鍋、おたま、保存用のビン、料理用温度計（アニサキス対策として熱処理をするので、正確な湯温を計れるものが必要）

しょう油ダレづくり

①はじめにイクラを漬けるしょう油ダレをつくります。生筋子250～300g（一房分）に対して、しょう油、日本酒、みりんをそれぞれ大さじ2の割合で鍋に入れます。

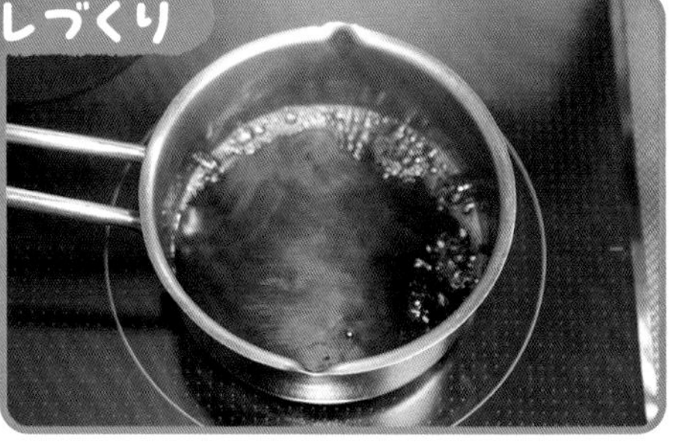

②鍋を火にかけて、タレが沸騰したら、約10秒煮立たせて火を止めます。ここに、だし用の昆布（約5cm角）を入れて冷ませば、タレの完成です。

① 筋子を用意

新鮮な生筋子を用意し、濃度約3％の食塩水であらって、表面のごみや血のかたまりを落とします。イクラづくりは、生筋子を買ったその日のうちにおこないましょう。

② 筋子をほぐす

あらった筋子は水を切り、ボウルの上に乗せた金網にこすりつけながらほぐし、ボウルに卵を落とします。卵はしっかりしているので、多少強くおしてもだいじょうぶ。

③ 卵をあらう

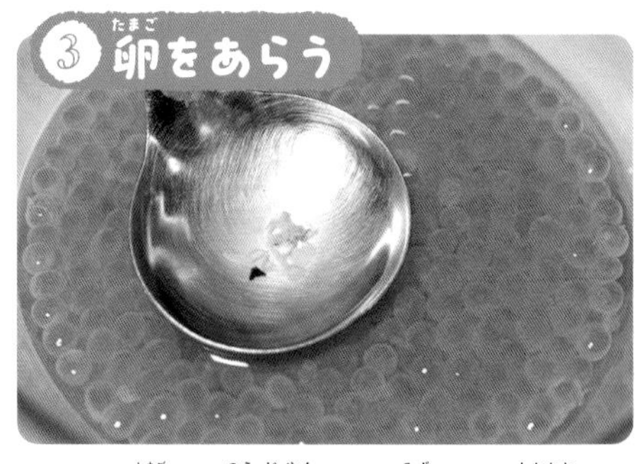

ほぐした卵は、濃度約3％（水1ℓに塩大さじ1）の食塩水でもう一度あらいましょう。ちぎれた筋子の皮や血のかたまり、やぶれた卵などは、このときに取りのぞきます。

金網が家にない場合は

筋子をほぐすとき、もし家に金網がない場合は、ボウルに塩分濃度３％にした約40℃のお湯を用意して、筋子をひたしながら手でほぐしていきます。塩水を使うことで卵がつぶれにくくなり、お湯で筋子の皮がちぢむので、卵がほぐしやすくなります。しかし、金網を使う場合よりもイクラに皮が残りやすいので、ていねいに取りのぞきましょう。

④ お湯にくぐらせる

アニサキスなどの寄生虫対策として、約70℃のお湯に卵をくぐらせます。おたまなどをつかってかきまぜながら、卵にまんべんなく熱が通るようにします。

⑤ １分間お湯に漬ける

寄生虫を死滅させるには、卵の中心温度が60℃以上の状態を、１分間続ける必要があります。この場合は、お湯に入れて１分後、湯温が60℃以上であればだいじょうぶでしょう。

⑥ 氷水で冷やす

卵をお湯からザルに上げて、氷水を入れたボウルにうつして冷やします。卵の熱が冷めたらザルに上げて、食品用ラップフィルムをかけて約１時間、水を切ります。

⑦ しょう油ダレに漬ける

初めにつくっておいたしょう油ダレに、卵を漬けます。タレの量が多いと、卵がふくらみ過ぎるので注意。約１日漬けておいたら、イクラの完成です。

⑧ 冷蔵保存する

ビンなどに入れて冷蔵保存します。ビンやふたは事前に熱湯殺菌しておきます。イクラは生ものなので、冷蔵庫に入れても３～４日以内に食べきるようにしましょう。

冷凍する方法も

寄生虫対策として、ほぐした卵を熱処理しない場合は、卵をしょう油ダレに１～２日漬けた後、冷凍庫に入れて冷凍します。アニサキスを死滅させるには、－20℃になった状態を、24時間以上続ける必要があるので、一般家庭用の冷蔵庫では１週間くらいの冷凍がおすすめです。

魚卵で料理！

ご飯のおかずにぴったりの魚卵製品ですが、
生の状態とはちがい、ほど良い塩味があるので、
工夫次第でいろいろな料理に使うことができます。
また魚卵以外の、魚介類の塩蔵製品も同様で、
料理に彩りと味の変化を加えてくれる、
トッピングとしての使い方が最適です。
みなさんも、いろいろ試してみてください。

こんがり新じゃがいもの明太子バター

初めに、ピンポン玉大の新じゃがいも（8個くらい）をあらい、竹串が通るぐらいにゆでます。ゆで終わったじゃがいもはアルミホイルにのせて、オーブントースターでこんがりと焼いて、水分を飛ばします。じゃがいもを焼いている間に、辛子明太子一腹の薄皮を包丁の先で切り、包丁の背を使って皮から中身を取り出します。焼き上がったじゃがいもに十字の切りこみを入れ、明太子とバターを乗せたらできあがり。お好みで、いろいろなトッピングを加えてみてください。
＊焼いたじゃがいもに切りこみを入れる際は、じゃがいもがとても熱いので、やけどに注意。

とびことレモンのパスタ

パスタをお好みのかたさにゆでます。ペペロンチーノをつくる要領で、フライパンに好みの辛さの量の唐辛子を加え、オリーブオイルで軽く炒め、ゆで上がったパスタを入れてまぜます。火をとめる直前に水菜をまぜたら麺はできあがり。お皿に盛り、大葉を散らして頂上部にたっぷりのとびこをのせ、その上にレモンの輪切りをのせます。そえたレモンをしぼって、めしあがれ。

たらこ一腹の薄皮を切って、取り出した中身とマヨネーズを良くまぜます。つぎに、油揚げ２枚をオーブントースターでこんがりと焼きます。油揚げが焼き上がったら、つくっておいた、たらこマヨネーズをぬり、きざんだ（小口切りした）小ネギを散らせば完成です。

焼き油揚げのたらこマヨのせ

はらこ飯

フライパンにしょう油大さじ2、みりん大さじ2、酒大さじ1、砂糖大さじ1、水カップ1杯（200ml／200cc）、5cm角のだし用昆布1枚を入れて、火にかけます。煮立ったら、サケを一口大に切り分けて10分弱煮ます。お米は、サケを煮た煮汁と水の割合を半々にして炊きます。ご飯が炊きあがったら、器にご飯をよそい、その上に煮たサケと、たっぷりのイクラを盛りつければできあがりです。

アボカドの練りウニ和え

アボカド（1個）は種を取りのぞき、皮をむいて、2cmぐらいの角切りにします。切り終わったアボカドにレモンのしぼり汁をかけて一度和えたら、そこに小さじ3ほどの練りウニを加えてさらに和えます。味付けは、しょう油大さじ1/2〜1にワサビ少々をとかし、味見をしながら少しずつ和えたアボカドに加えます。使用する練りウニの塩分次第で、使うしょう油の量は調整しましょう。最後にお好みで、塩昆布やレモンの薄切り、レモンの皮などをトッピングすればできあがりです。

市販のピザベース（ピザクラスト）を用意して、ピザソースをぬり、ピザ用チーズを散らしたら、アンチョビをトッピング。オーブンなどで焼き上げたピザにバジルを飾れば完成です。ほかに輪切りにしたトマトなどをのせても良いですが、トッピングはシンプルにした方が、アンチョビの風味と塩味を感じることができて、ピザ本来の味を楽しめるでしょう。

アンチョビとバジルのピザ

海のめぐみと魚卵・塩蔵食品文化を守るために

サケや、その卵である筋子やイクラも、昔から日本で親しまれてきました。
サケ（シロザケ）は明治時代から現在まで、「ふ化放流事業」がおこなわれていて、
2004年には漁獲量が6000万尾を超え、成功した栽培漁業といわれていました。
しかし、近年ではサケの漁獲量がいちじるしく減少して問題になっています。
さまざまな原因が考えられていますが、注目されているのが地球温暖化の影響です。
日本近海の海水温が上昇し、サケが北の海域に移動したことが原因のひとつといわれます。
サケは、太平洋の北部海域を広く回遊しながら成長する魚なので、
ひとつの国だけで資源をふやそうとするのはむずかしい魚です。
日本は、国内でとれる筋子やイクラの何倍もの量を、他国から輸入しています。
資源をふやすことについても、地球温暖化への対策も、関係する各国が話し合いながら、
サケを食べ続けられる取り組みをおこなっていくことが必要です。
とくに地球温暖化の問題は、わたしたち一人ひとりの行動の積みかさねで、
少しずつ良い方向に変えていける道があるはずです。
自分たちにできることを考えて、これからもおいしい魚卵を食べていきましょう。

サケの定置網漁。サケは川をさかのぼる前に沿岸を回遊するので、そこにしかけた定置網で漁獲しています。

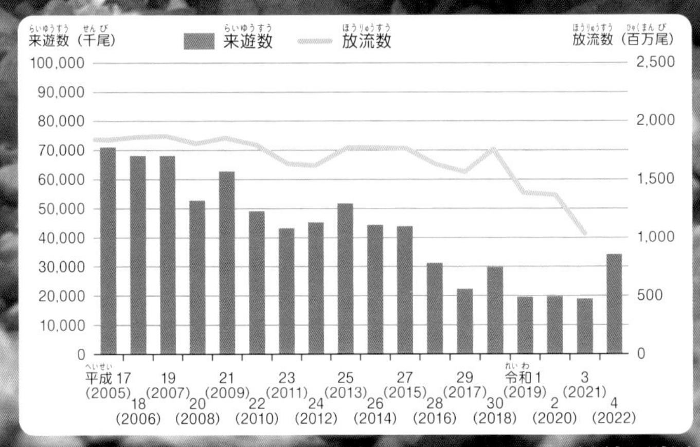

おもな道県におけるサケの来遊数のうつりかわり。4年前の放流数との割合（単純回帰率）も下がってきています。

グラフ参考／国立研究開発法人水産研究・教育機構 水産資源研究所 さけます部門「主な道県におけるサケの放流数と来遊数及び回帰率の推移（2023）」

わたしたちにできること！

海水温と魚介類の分布に関する新聞記事を集めてみよう。

サケなどの稚魚放流会に参加してみよう。

地球温暖化をふせぐ省エネルギーの行動

なるべく公共交通機関を利用しよう。

冷暖房は適切な温度で利用しよう。

使っていないコンセントをぬこう。

サケのふ化放流事業

サケは、川で生まれて海で育ち、産卵からおよそ4年後に、生まれた川にもどって産卵します。この習性を利用して、サケの増殖を目的としておこなっているのが、サケのふ化放流事業です。これは、産卵のために川をさかのぼるサケを捕獲して卵を取り出し、人工的に受精やふ化をさせて、育てた稚魚を放流するものです。

2022年には、全国で10億4400万尾の稚魚が放流されました。サケの稚魚の多くは、成長の途中で死んだり、天敵に食べられたりしてしまいますが、それでも稚魚の放流は、自然産卵の約10倍の回帰率になることがわかっています。ふ化放流事業は、大切な資源を少しでもふやすための取りくみです。

メスから人工授精用の卵を採取する。

卵にオスの精子をかけて受精させる。

発生が進む卵。中に目が見えます。

ふ化したばかりの仔魚。

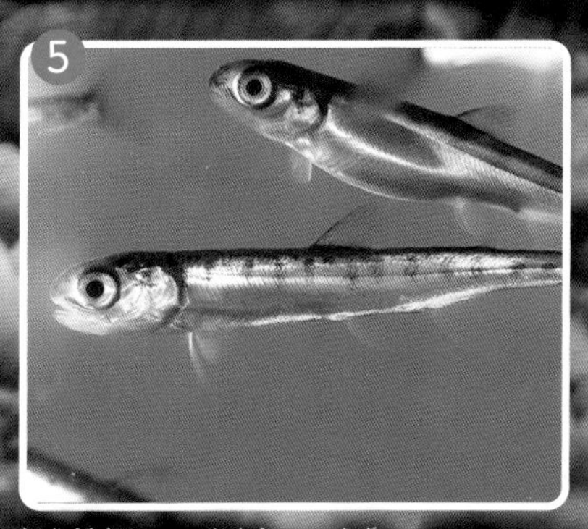

体重約1gに成長した稚魚。

2～5月に稚魚を川に放流します。

（①～⑤ 地方独立行政法人 北海道総合研究機構 水産研究本部 さけます・内水面水産試験場　⑥ 新潟県村上地域新興局）

さくいん

監修 ● 一般社団法人 大日本水産会
魚食普及推進センター
(山瀬茂継・早武忠利・内堀湧太)

水産業の振興をはかり、経済的、文化的発展を期する事を目的として明治15年(1882年)に設立された一般社団法人大日本水産会の一事業として、魚や海、漁業に関する情報発信および魚食普及活動をおこなっている。教育機関を中心とした出前授業のほか、全国に水産物の楽しさを伝えるために、ホームページ上で食育プログラム、魚を用いた自由研究の紹介、魚のさばき方や保存方法のほか、衛生面などのビジネス向け情報もあつかっている。

写真・文 ● **阿部秀樹**(あべ ひでき)

1957年、神奈川県生まれ。立正大学文学部地理学科卒業。幼少時から「海が遊び場」という環境で育ち、22歳でスクーバダイビングを始める。数々の写真コンテストで入賞を果たした後、写真家として独立。水生生物の生態撮影には定評があり、特にイカ・タコ類の撮影では国内外の研究者と連携した撮影を進め、国際的な評価も得ている。現在は、日本の海の多様性に注目し、海と人との関わりや四季折々の情景などを意識した作品の撮影を進めているほか、多くの経験を活かし、テレビ番組等の撮影指導やコーディネートも手がけている。おもな著書に『和食のだしは海のめぐみ ①昆布 ②鰹節 ③煮干』(第23回学校図書館出版賞受賞)、『食いねぇ!お寿司まるごと図鑑』(ともに弊社刊)、『イカ・タコガイドブック』(共著/阪急コミュニケーションズ)、『ネイチャーウォッチングガイドブック 海藻』(共著)、『ネイチャーウォッチングガイドブック 魚たちの繁殖ウォッチング』(ともに誠文堂新光社)、『美しい海の浮遊生物図鑑』(写真/文一総合出版)などがある。また、テレビ番組の撮影指導・出演に「ダーウィンが来た!生きもの新伝説 小笠原に大集合!超激レア生物」(NHK)、「ワイルドライフ」、「ニッポン印象派」(NHK・BS)など。国外の映画やテレビ番組撮影にも関わっている。静岡県伊豆の国市在住。

● **協力者関係**

特別協力 福地享子(豊洲市場 銀鱗文庫)、丸千千代田水産株式会社

取材協力 東京都中央卸売市場 豊洲市場、東京都水産物卸売業者協会、東京魚市場卸協同組合、株式会社マルツ尾清(豊洲仲卸)、北晃水産株式会社(豊洲仲卸)、西山水産株式会社(豊洲仲卸)、株式会社山治(豊洲仲卸)、株式会社やまやコミュニケーションズ(辛子明太子)、宮崎県水産試験場 内水面支場(キャビア)、日南チョウザメ養殖場株式会社(キャビア)、ジャパンキャビア株式会社(キャビア)、株式会社川善(カラスミ)、駿陽荘やま弥(カラスミ)、株式会社きっかわ(塩引き鮭)、カネサ鰹節商店(潮かつお)

撮影協力 知床ダイビング企画(北海道)、グラントスカルピン(北海道)、辰ノ口ダイビングサービス ブルーアース21長崎(長崎県)、平野藍子、株式会社イノン、株式会社エーオーアイ・ジャパン、株式会社シグマ、株式会社ゼロ、株式会社タバタ、二十世紀商事株式会社、株式会社フィッシュアイ

写真画像提供 マルハニチロ株式会社、大崎市教育委員会、白山市美川商工会、大作晃一、別海町観光協会、藻塩の会、地方独立行政法人 北海道総合研究機構 水産研究本部 さけます・内水面水産試験場、新潟県村上地域振興局、国立国会図書館、写真の森フォレスト、安延尚文、PIXTA、shutterstock

魚卵料理コーディネート 林くみ子
装丁・デザイン 山﨑理佐子
企画・編集協力 安延尚文
校正 有限会社 ペーパーハウス

● **参考文献**

『食材魚貝大百科1〜4』(監修:多紀保彦、奥谷喬司、近江卓、武田正倫 企画・写真:中村庸夫/平凡社)
『学研まんがでよくわかるシリーズ37 明太子のひみつ』(漫画:名古屋裕 構成:野島けんじ/ Gakken)

2024年3月 初版1刷発行

監　　修 一般社団法人 大日本水産会 魚食普及推進センター
写真・文 阿部秀樹
発行者 今村正樹
発行所 株式会社 偕成社 〒162-8450 東京都新宿区市谷砂土原町3-5
☎03-3260-3221(販売) 03-3260-3229(編集)
https://www.kaiseisha.co.jp/
印　刷 大日本印刷株式会社
製　本 東京美術紙工

Published by KAISEI-SHA, Ichigaya Tokyo 162-8450
Printed in Japan
ISBN978-4-03-438130-4
NDC667 40p. 29cm

＊乱丁本・落丁本はおとりかえいたします。
本のご注文は電話・ファックスまたはEメールでお受けしています。
Tel:03-3260-3221 Fax:03-3260-3222
E-mail:sales@kaiseisha.co.jp